设计师手稿系列

服装设计师手稿速成图册

女装款式·细节设计

刘笑妍 著

中国纺织出版社有限公司

内 容 提 要

在服装设计生产流程中，服装款式图是连接设计师设计理念与现实产品之间的重要桥梁，对服装板型设计、样衣制作起到重要的指导作用。

本书按照上衣、裙装、裤装、泳装的不同类别，详细介绍了描绘此类服装款式图的基本方法，对服装专业的学习者或爱好者理解服装的结构及工艺有很好的辅助作用。

本书是服装设计专业的实用性教材，也可作为学习和借鉴服装款式设计图的必备工具书与速查手册。

图书在版编目（CIP）数据

服装设计师手稿速成图册. 女装款式·细节设计 /
刘笑妍著. --北京：中国纺织出版社有限公司，2021.1
（设计师手稿系列）
ISBN 978-7-5180-7964-3

Ⅰ.①服… Ⅱ.①刘… Ⅲ.①女服—服装设计—图集
Ⅳ.①TS941.2-64

中国版本图书馆CIP数据核字（2020）第197228号

责任编辑：孙成成　　责任校对：王花妮　　责任印制：王艳丽

中国纺织出版社有限公司出版发行
地址：北京市朝阳区百子湾东里A407号楼　邮政编码：100124
销售电话：010－67004422　传真：010－87155801
http://www.c-textilep.com
中国纺织出版社天猫旗舰店
官方微博http://weibo.com/2119887771
北京玺诚印务有限公司印刷　各地新华书店经销
2021年1月第1版第1次印刷
开本：889×1194　1/16　印张：10
字数：180千字　定价：45.00元

前言
PREFACE

　　时尚设计是不断寻求新的想法的过程。通过理解经典的服装设计及细节设计，服装设计专业的学生可以学习如何创造新的时尚。成为一名好的时装设计师，要做到的不仅仅是掌握一些设计知识，更需要通过大量的分析和尝试来突破已有规则，需要有勇于改变的勇气。本书列举了不同类型的女装设计，通过对不同款式特点的分析，可以帮助学生开发创造力，尝试不同的结构与款式细节的多种组合，提高个人悟性和品位。

刘笑妍

2020年1月1日

于沈阳航空航天大学

目录
CONTENTS

第1部分
上衣

女式上衣是至少覆盖至胸部的服装，但更多的是覆盖颈部到腰部之间的大部分人体。中长款上衣长度可以至大腿中部。女式上衣多搭配裤子或裙子穿着。

T恤衫

  T恤衫是一种以"T"形形状命名的服装，多表现为短袖和圆领。T恤衫通常采用有弹性、轻便、价格低廉的面料制成，且易于清洁打理。例如，弹力织物或平纹针织物中的棉织物，与衬衫面料相比，T恤衫的面料须柔软有弹性。

T恤衫

打底衫

　　打底衫的面料有多种材料可供选择，款式以贴身为主，也可以有相对宽松一些的款式。之所以称为打底衫是因其通常穿在外套、西服或者夹克里面。

打底衫

打底衫

打底衫

打底衫

打底衫

打底衫

打底衫

针织衫

针织衫是一种日常服装，既保暖又时尚，是时尚女性衣橱必备单品。

针织衫

针织衫

针织衫

衬衫

衬衫是穿在人体上半身的服装，其风格多样且细节变化丰富。纽扣设计是衬衫款式细节中不可或缺的重要因素之一，可通过纽扣的数量、位置、材质等方面进行变换，进而达到款式设计的目的。

衬衫

衬衫

衬衫

衬衫

衬衫

衬衫

雪纺衫

　　"雪纺"一词来自英语"Chiffon"的音译，别名"乔其纱"。雪纺衫顾名思义是用雪纺制成的上衣，质地轻薄、柔软，透气性强，富有垂感，适合用于制作女夏装。

雪纺衫

雪纺衫

背心&吊带背心

　　背心是一种男女均会穿着的无领、无袖的短款贴身上装，其面料多为弹性平针织物，贴身穿着时可以起到躯干部分保暖的作用。背心多穿在T恤衫或者衬衫里面。

　　吊带背心是背心肩部造型的变化款，肩部由两根肩带代替，是女性夏季非常喜爱的时尚单品。

背心 & 吊带背心

背心 & 吊带背心

背心 & 吊带背心

背心 & 吊带背心

背心 & 吊带背心

背心 & 吊带背心

背心 & 吊带背心

背心＆吊带背心

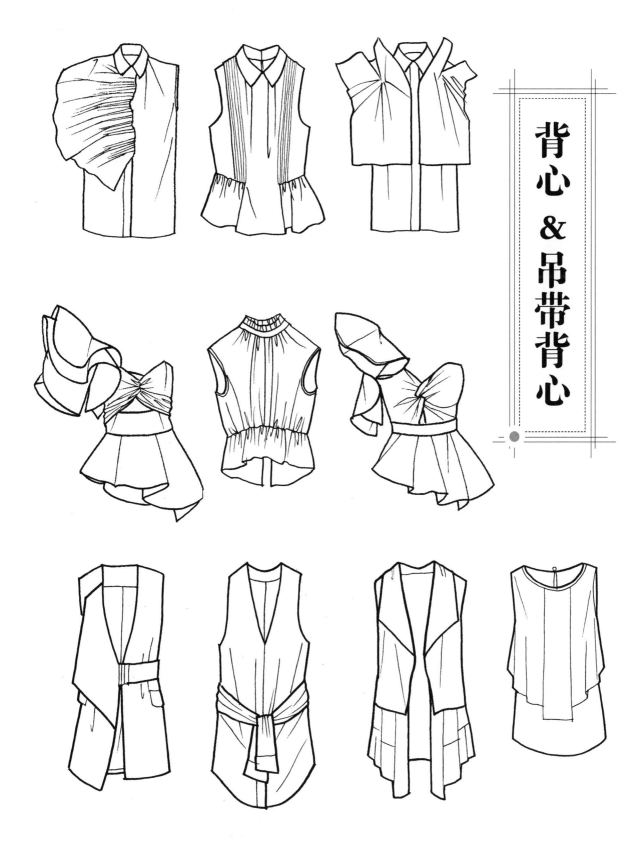

背心 & 吊带背心

背心 & 吊带背心

背心 & 吊带背心

背心 & 吊带背心

马甲

　　马甲是一种紧身无袖上装，最初是为男性设计的，现今也是女性常见的服装款式之一。马甲通常是使用纽扣，偶尔也会用拉链；可以是单排扣，也可以是双排扣款式。马甲通常穿在西装或夹克里面，其面料选择可与外套面料不一致。

马甲

马甲

马甲

马甲

马甲

马甲

西服

　　西服通常是职场女性的日常工装，属于正式场合穿着的服装，下身可以搭配西装裤或西服裙。女式西服的制作工艺不如男式西服复杂，但结构变化方式则更为多样，面料也更为柔软，更加突出女性的曲线美。

西服

西服

西服

西服

西服

外套&夹克

　　女士外套&夹克是由男装演变而来的，是把男装元素风格与剪裁融入女装设计中的代表。女士外套&夹克也成了现代女性衣橱的必备单品，衣服的款式多为短款，门襟可以使用纽扣或者拉链，穿脱方便，利于活动，穿着舒适度较高。廓型主要为修身款或宽松款，主要穿着时间为春秋两季，当然也可以搭配在风衣或大衣里面穿着。猎装夹克、工装外套、机车夹克、牛仔夹克、西装外套等都是女装夹克的代表。

外套 & 夹克

外套 & 夹克

外套 & 夹克

外套 & 夹克

外套&夹克

外套 & 夹克

外套 & 夹克

外套 & 夹克

外套 & 夹克

外套 & 夹克

牛仔夹克

　　牛仔夹克紧跟着牛仔裤的脚步而出现，与牛仔裤一样，牛仔夹克出现之初也是主要用于工人群体穿着。后来逐渐被艺术家、牧场劳动者、户外工作者和摇滚人士所喜爱。标准款牛仔夹克板型宽松，前胸多有两个大号口袋、金属扣，两条缝纫线从口袋向下延伸至腰部，衬衫式长袖克夫设计源于艾森豪威尔夹克（一种男用短夹克）。牛仔夹克以其中性的不分职业的特点引来了全球青少年的青睐，最早是青少年展示自我与父辈穿衣风格差异的代表性服装。

大衣

　　大衣是一种男女都穿的既保暖又时尚的长款外套。大衣通常是长袖前开襟，多会使用纽扣、拉链、腰带等设计元素。除此之外，还有些外套会有肩章的独特设计。

　　大衣款式和造型多样，强调保护、防寒、防风的功能性目的，通常会穿在所有服装的最外面。因此，大衣的款式通常比其他服装要略长、略宽松。尽管设计时考虑到了服装的保护作用，但并非所有外套大衣都是防水的，以保暖为主要目的的设计通常会使用格外保暖的羊绒、斜纹软呢或毛皮。作为防雨或防雪的外套大衣，如经典的雨衣或斗篷款，多会采用华达呢或棉质等较轻的材料制成。

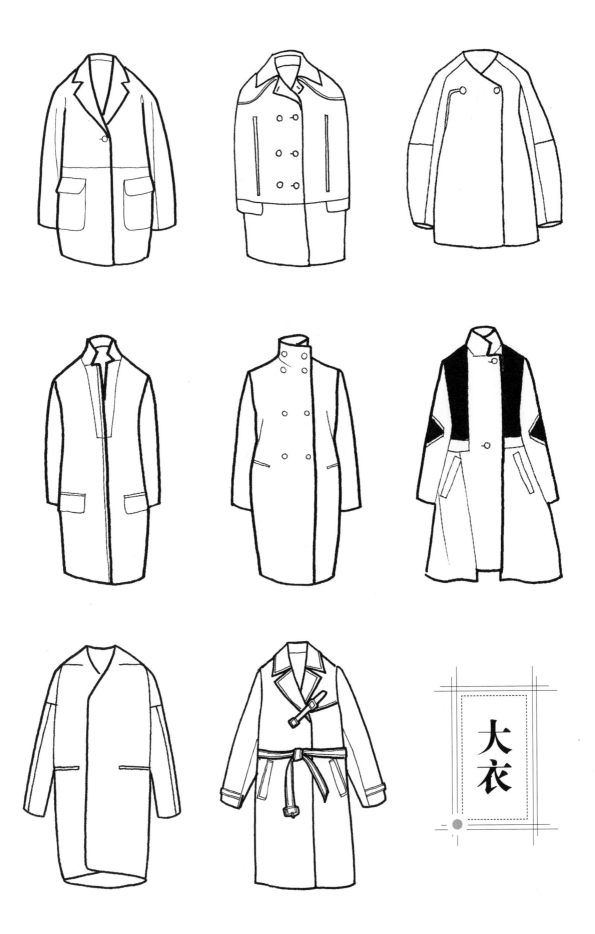

大衣

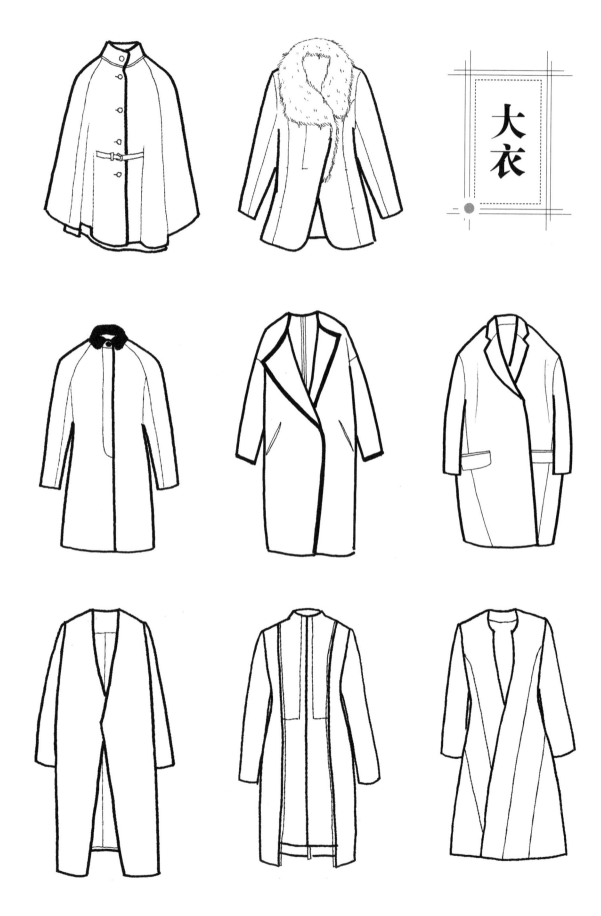

大衣

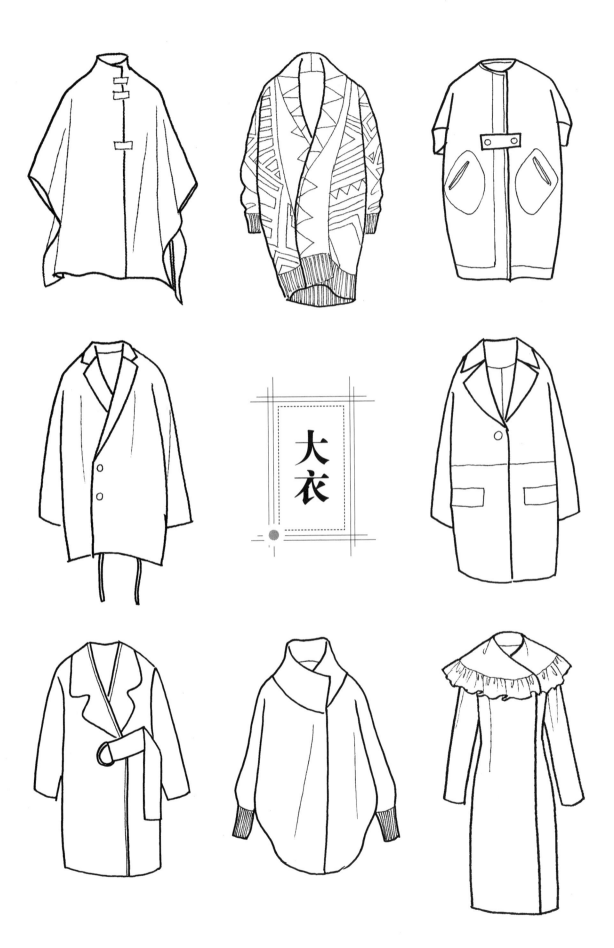

大衣

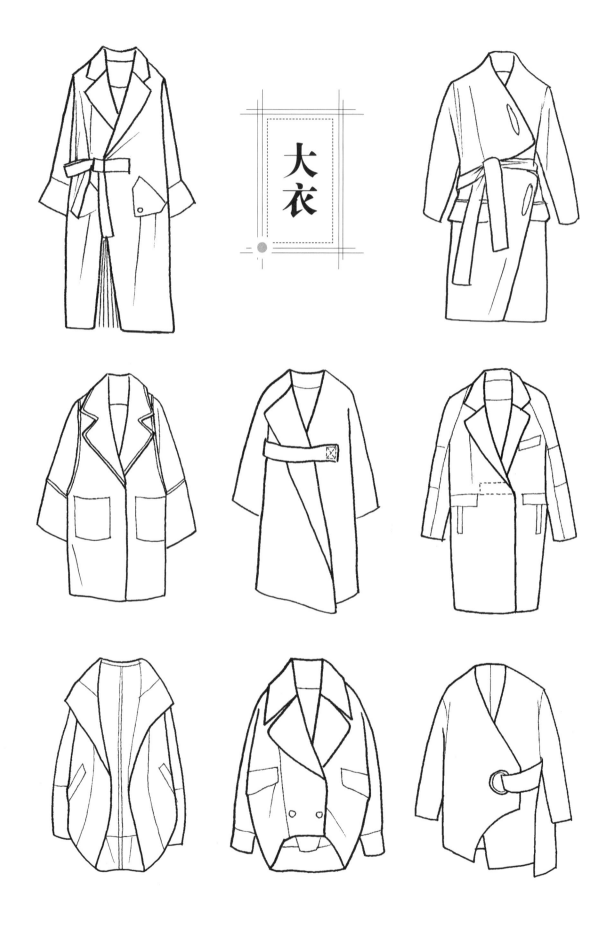

大衣

大衣

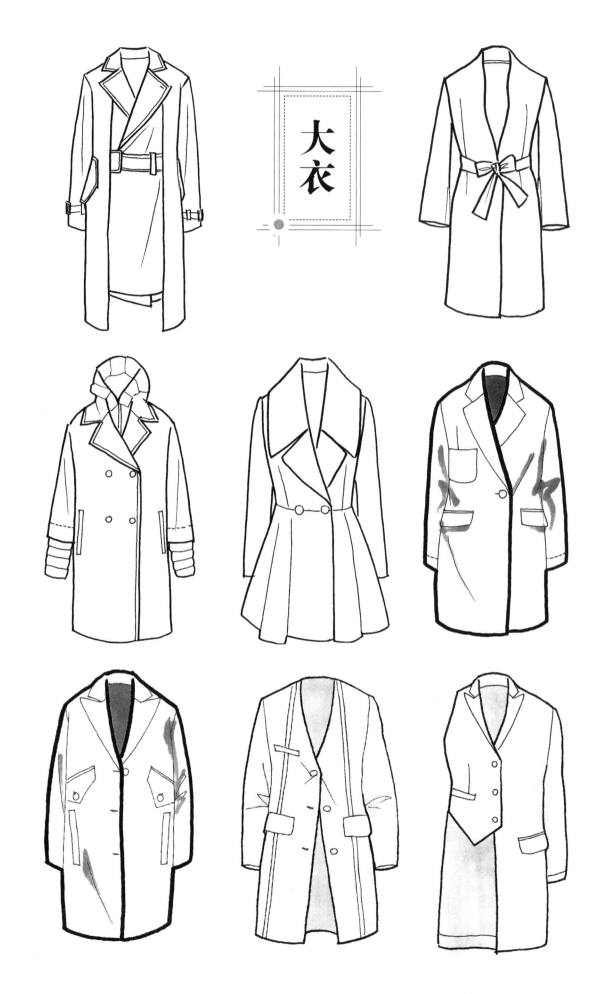

大衣

风衣

　　战壕式风衣是一种由防水重型棉华达呢或皮革或府绸制成的雨衣。它一般会有一个可拆卸的衬里，插肩袖，经典款有不同的长度，长款紧贴脚踝，短款到膝盖之上。这种风衣最早主要是牧羊人和农民用来遮挡风雨之用，战争期间，这种乡间的防风雨服被士兵穿用，其肩部的披肩式双层设计防水功能显著，也可用于抵挡步枪枪托的摩擦或撞击。

　　传统风衣多有双排扣、宽翻领、挡雨布、口袋等设计元素。除此之外，风衣通常在腰部配有腰带，其颈部的锁扣、手腕处的系带、背部的防雨罩等细节都让风衣成了抵御坏天气的首选。虽然风衣发展至今已经有许多颜色可供选择，但最经典的颜色仍是卡其色。

第2部分
裙装

裙装是非常受女性喜爱的服装单品之一，能够凸显女性气质，不论是职场还是生活休闲场合，不论是青春洋溢还是成熟知性，裙装总能很贴切地满足女性想要的特定风格。从连衣裙到半身裙，有无数种可以尝试的款式变化，精致的设计细节也透露着穿着者的独特品位。裙装的主要分类可以从长度上划分，或者按照裙摆的廓型划分。

连衣裙

连衣裙种类繁多、风格多样，深受各个年龄段女性的青睐。从廓型上划分，连衣裙可分为A型裙、X型裙、H型裙等；从腰线位置上划分，可分为高腰裙、中腰裙、低腰裙等。

连衣裙

连衣裙

连衣裙

连衣裙

连衣裙

连衣裙

连衣裙

连衣裙

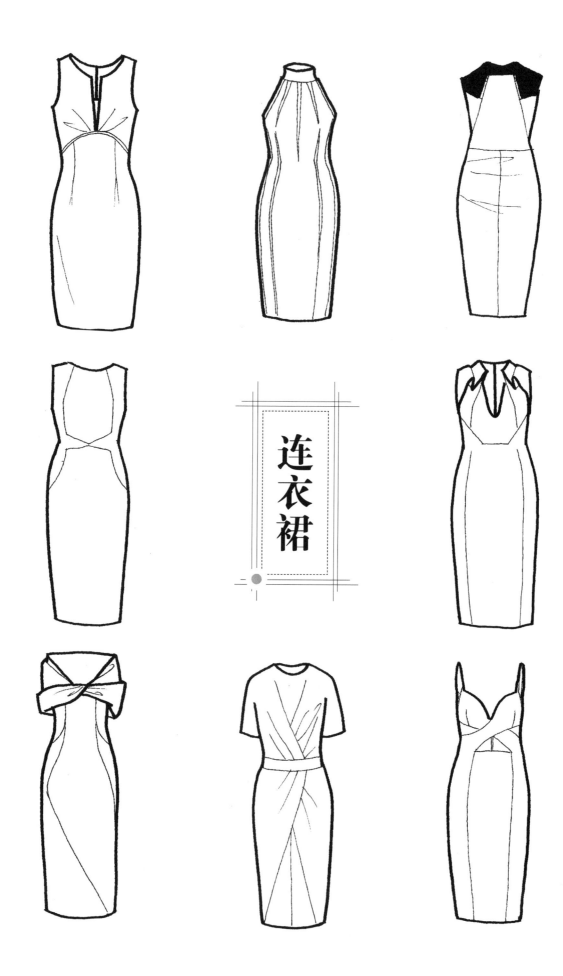

连衣裙

连衣裙

连衣裙

连衣裙

连衣裙

连衣裙

连衣裙

连衣裙

连衣裙

连衣裙

连衣裙

连衣裙

连衣裙

连衣裙

连衣裙

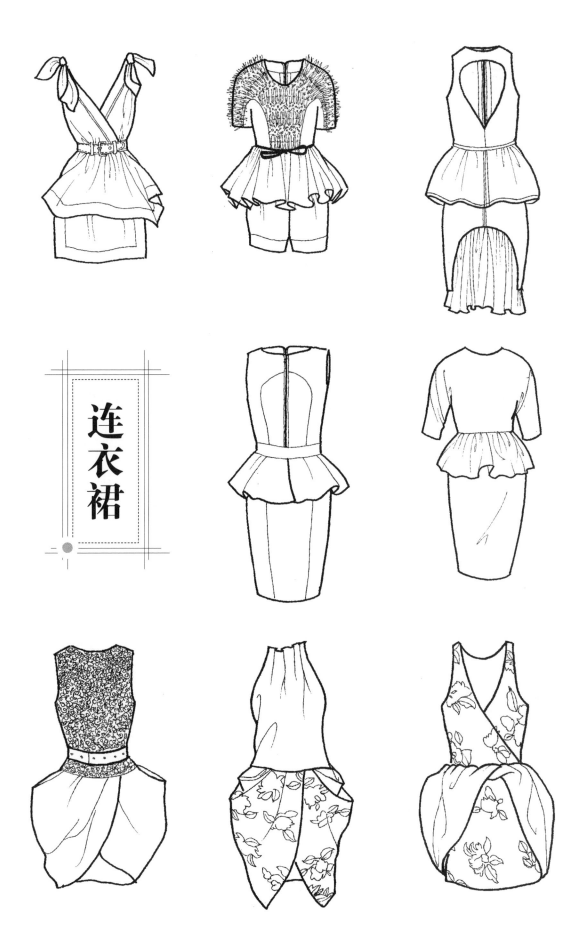

连衣裙

连衣裙

连衣裙

连衣裙

连衣裙

连衣裙

连衣裙

连衣裙

连衣裙

连衣裙

连衣裙

连衣裙

连衣裙

连衣裙

连衣裙

连衣裙

连衣裙

连衣裙

连衣裙

连衣裙

连衣裙

连衣裙

连衣裙

连衣裙

连衣裙

连衣裙

连衣裙

连衣裙

连衣裙

连衣裙

连衣裙

连衣裙

礼服裙

　　礼服裙是一种特殊形式的礼服，通常在正式场合穿着，可以增强女性的气质，并且表达了穿着者的愿望。一般来说，礼服裙的设计特点是领口位置低、紧身胸衣、无袖等。礼服通常由风格华丽的面料制成，如雪纺、天鹅绒、绸缎、透明硬纱等。从廓型上来看，礼服可以选择蓬松、紧身，又或是松紧结合的廓型风格，造型感十足。

礼服裙

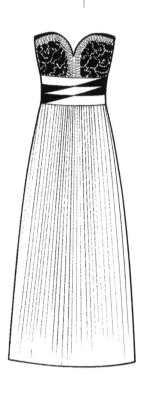

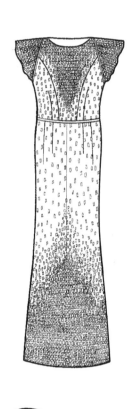

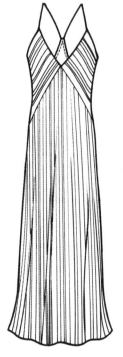
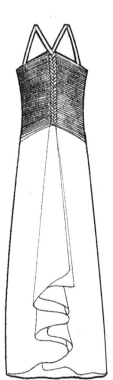

礼服裙

半身裙

　　半身裙是礼服或连衣裙的下半部分，覆盖了人体腰部以下的部分。半身裙的下摆可以从膝盖以下到拖地，长度不等，随穿着者的审美和地域文化的不同而变化。半身裙的款式设计可能受到时尚和社会环境等因素的影响。

半身裙

半身裙

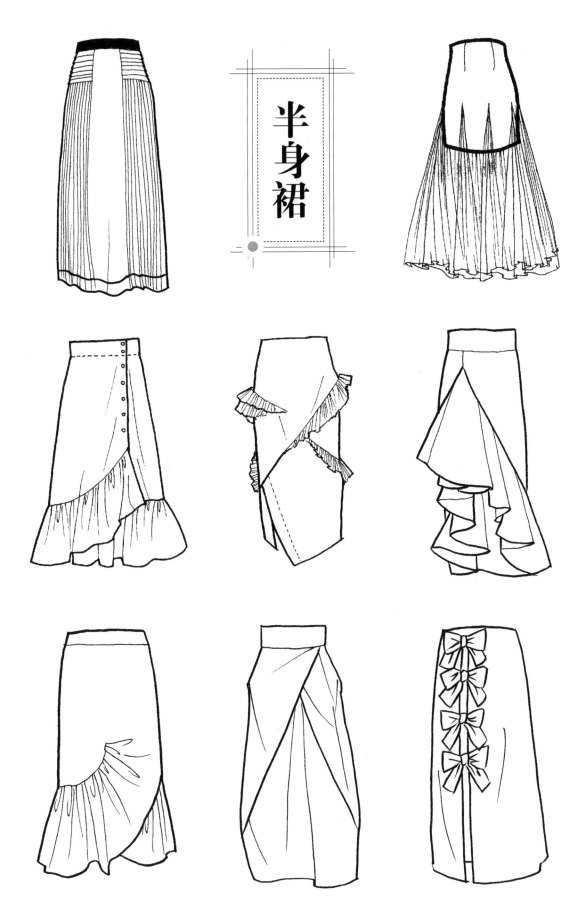

半身裙

半身裙

半身裙

半身裙

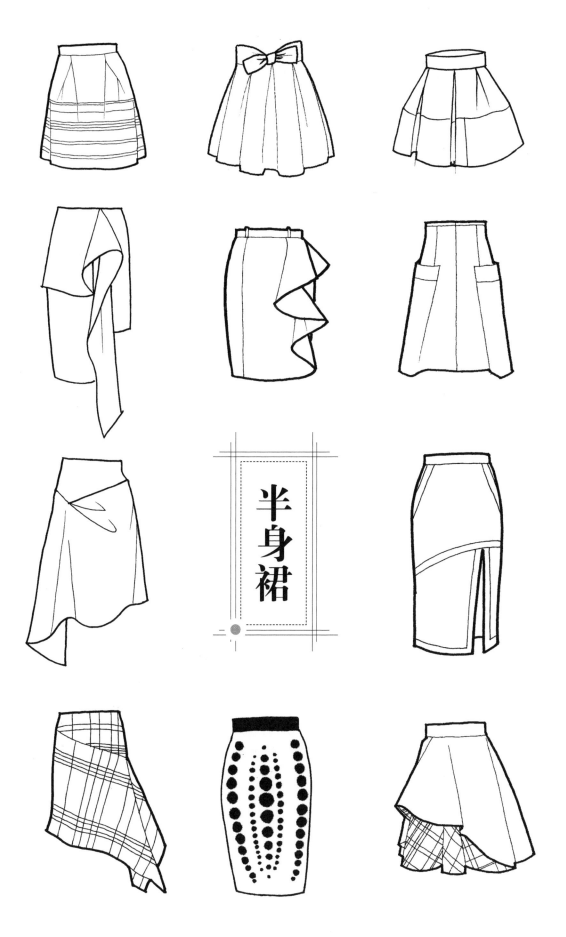

半身裙

半身裙

半身裙

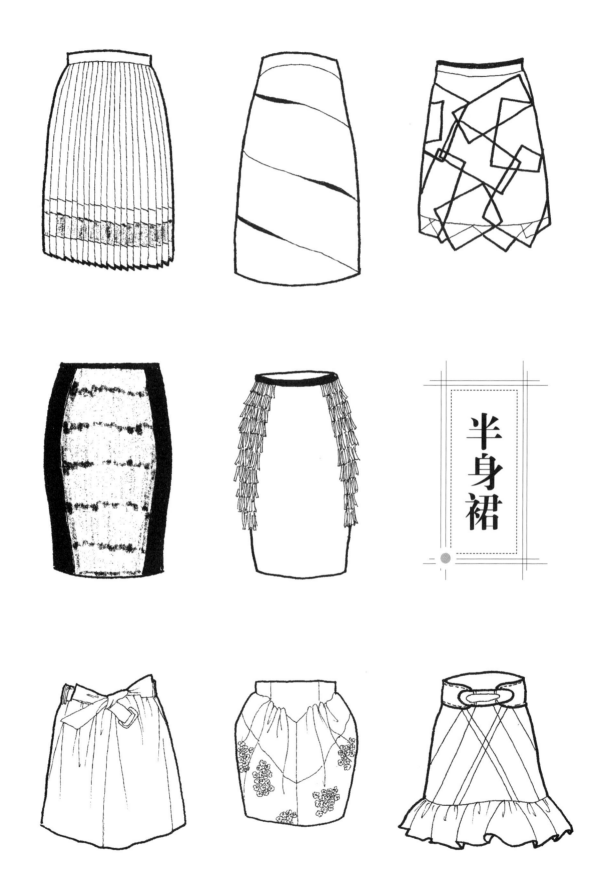

半身裙

半身裙

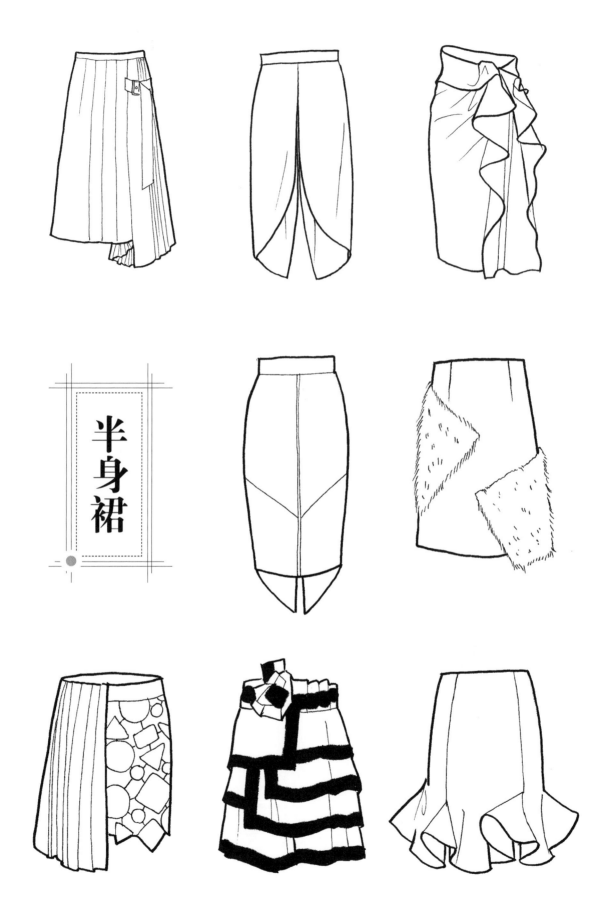

半身裙

半身裙

半身裙

第3部分
裤装

裤子是一种可能起源于东亚的衣物，面料从腰部到脚踝，分别覆盖两条腿，区别于裙子和长袍的结构。

长裤

长裤应用较广，是人们日常穿着的主要服装类型之一。

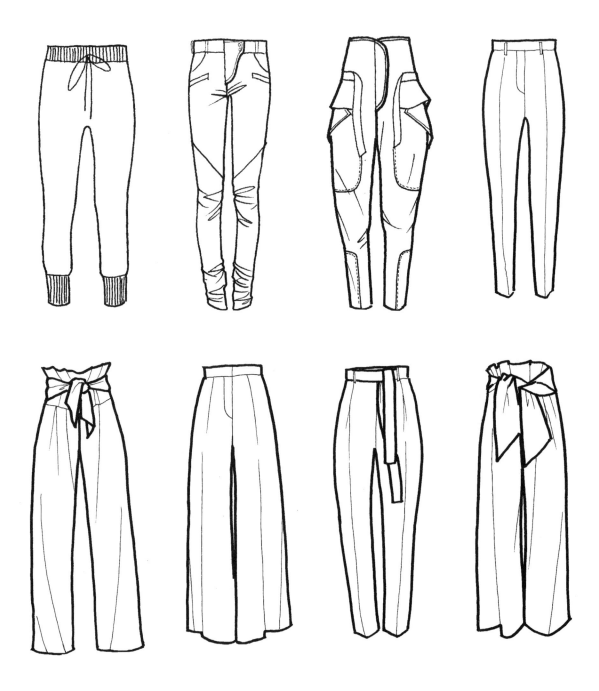

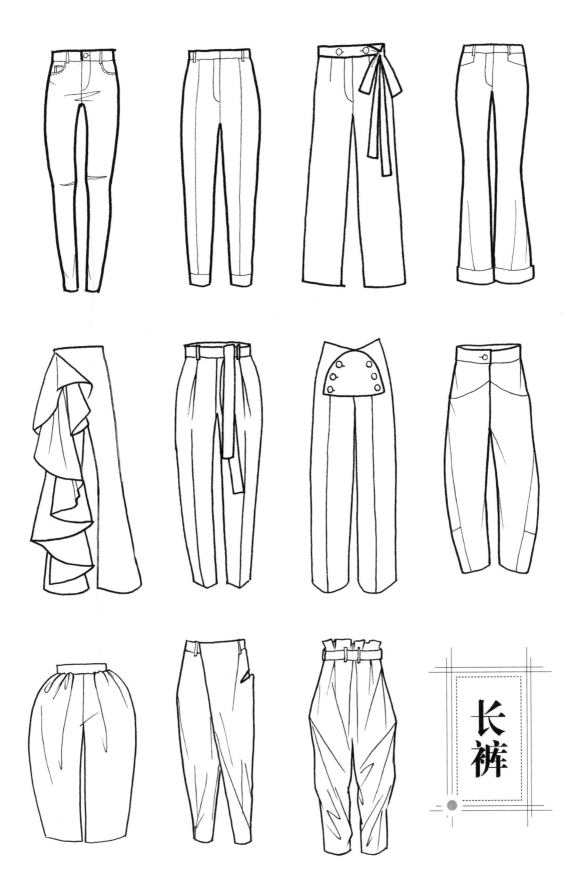

长裤

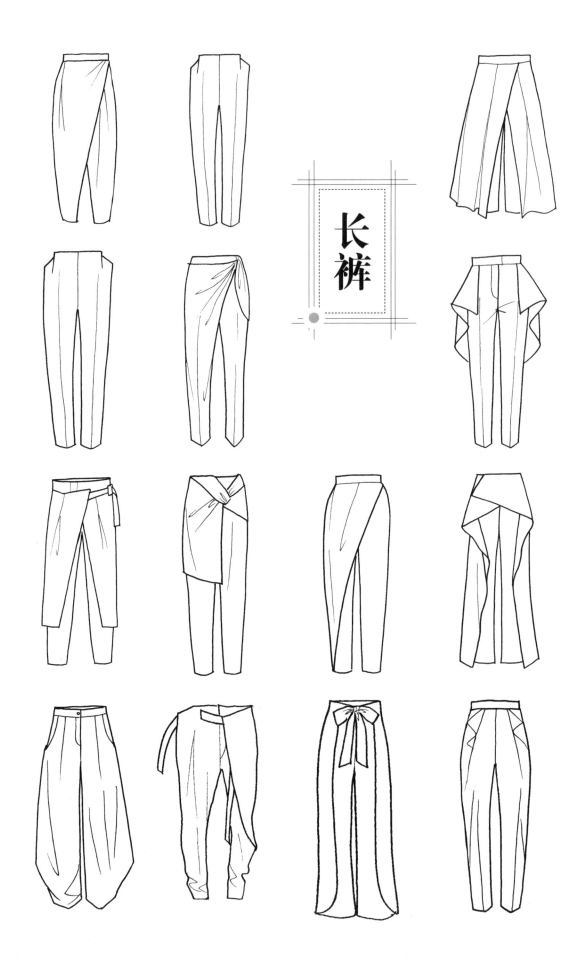

长裤

短裤

短裤是男性和女性穿着的覆盖骨盆区域、围住腰部、在大腿处分开以覆盖大腿上部的服装，有时向下延伸到膝盖。短裤通常在温暖的天气中或腿部需要散热时穿着，风格多样，深受年轻女性喜爱。

连身裤

　　连身裤是裤子的一种特殊款式，因与上半身服装相连被称为连身裤。连身裤适合身材匀称的女性穿着，很多用斜纹布制成的连身裤凸显了女性青春、活泼的特点。

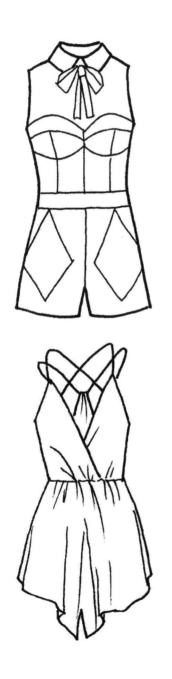

第4部分
泳装

泳装是专为从事水上活动或水上运动的人士穿着而设计的服装，如游泳、潜水、冲浪等活动。

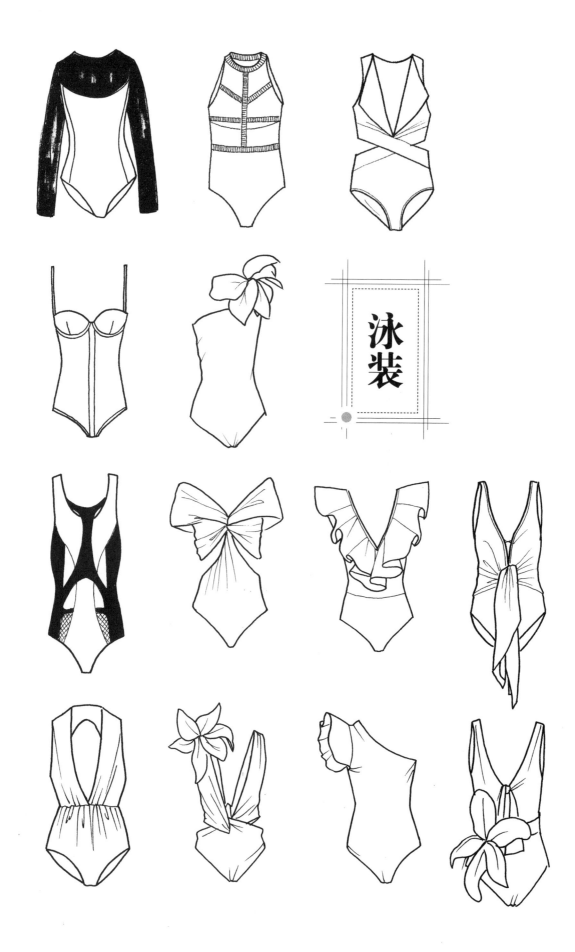

泳装